全国高级技工学校电气自动化设备安装与维修专业教材

数控机床电气线路维修习题册

中国劳动社会保障出版社

图书在版编目(CIP)数据

数控机床电气线路维修习题册/人力资源和社会保障部教材办公室组织编写. —北京：中国劳动社会保障出版社，2012

全国高级技工学校电气自动化设备安装与维修专业教材

ISBN 978-7-5045-9645-1

Ⅰ. ①数… Ⅱ. ①人… Ⅲ. ①数控机床-电路-维修-技工学校-习题集 Ⅳ. ①TG659-44

中国版本图书馆 CIP 数据核字(2012)第 076217 号

中国劳动社会保障出版社出版发行

（北京市惠新东街1号　邮政编码：100029）

出 版 人：张梦欣

*

北京市科星印刷有限责任公司印刷装订　　新华书店经销

787 毫米×1092 毫米　16 开本　3.25 印张　74 千字

2012 年 4 月第 1 版　　2025 年 8 月第 6 次印刷

定价：6.00 元

营销中心电话：400-606-6496

出版社网址：http://www.class.com.cn

http://jg.class.com.cn

目　录

第一章　数控机床电气维修基础

§1—1　数控机床概述

一、填空题（将正确答案填在横线上）

★1. 世界上第一台数控机床于________年由美国试制成功，是一台________机床。

2. 数控机床是采用_____技术的机床，即用______信号控制机床运动及其加工过程。它是一种技术_____和______程度都很高的机电一体化设备。

3. 现代数控系统又称为______系统，是采用计算机控制技术实现控制功能的，简称为____________系统。

★4. 数控机床一般由_____、_____、_____、______和机床主体组成。

★5. ______是数控机床的核心，一般由输入装置、______和______等构成。

★6. 数控系统的执行机构是________，主要由_____和___两部分组成。

★7. 按控制运动轨迹分，数控机床可分为______数控机床、_____数控机床和_____数控机床等；按对被控量有无检测装置分，数控机床可分为______数控机床和_____数控机床。

★8. 开环控制的数控机床控制精度比较低，其精度主要取决于_____和_____的精度。

★9. 经济型数控机床结构简单，调试、维修容易，成本较低，通常采用______控制方式。

★10. 全闭环控制的数控机床一般将位置检测元件安装在_____部位。目前，常采用的检测元件为_____。

★11. 半闭环控制的数控机床一般将位置检测元件安装在__________或________部位，目前，常采用的检测元件为_____。

12. 开环控制数控机床主要采用________进行驱动，而半闭环和闭环控制数控机床主要采用_____________进行驱动。

二、选择题（将正确答案序号填在括号里）

★1. 下列关于世界上第一台数控机床的描述正确的是（　　）。

A. 1946 年在美国研制成功　　B. 它是一台三坐标数控铣床

C. 用它来加工直升机叶片　　D. 它用晶闸管—直流电动机驱动

2. 数控机床半闭环控制系统的特点是（　　）。

A. 结构简单、价格低廉、精度差

注：带★的题目为历年国家职业资格证书考试中出现过的真题，全书同。

B. 结构简单、维修方便、精度不高

C. 调试与维修方便、精度较闭环控制差、稳定性好

D. 调试较困难、精度很高

3. 数控机床主体包括（　　）。

A. 主轴、导轨、床身

B. 主轴、导轨、交换工作台

C. 主轴、导轨、排屑装置

D. 主轴、导轨、床身、交换工作台、排屑装置

4. 与半闭环控制数控机床相比，闭环控制数控机床（　　）。

A. 具有比较高的加工精度　　B. 设计、调试比较方便

C. 环内包含的机械环节比较少　　D. 应用得更广泛

5. 使用闭环测量与反馈装置的作用是（　　）。

A. 提高机床的安全性　　B. 提高机床的使用寿命

C. 提高机床的定位精度、加工精度　　D. 提高机床的灵活性

★6. 下列属于轮廓控制的数控机床是（　　）。

A. 数控钻床　　B. 数控冲床　　C. 数控加工中心　　D. 数控车床

★7. 下列机床中，属于点位数控机床的是（　　）。

A. 数控钻床　　B. 数控铣床　　C. 数控磨床　　D. 数控车床

★8. 数控机床是应用了数控技术的机床，数控系统是它的控制指挥中心，是用数字信号控制机床运动及其加工过程的。目前用得比较多的是采用微处理器数控系统，称为（　　）系统。

A. CPU　　B. CNC　　C. CAD　　D. RAM

★9. 数控机床的控制介质有（　　）。

A. 零件图样和加工程序单　　B. 穿孔带

C. 穿孔带、磁带、磁盘、优盘　　D. 光电阅读机

三、判断题（将判断结果填入括号中，正确的填“√”，错误的填“×”）

1. 数控机床具有柔性，只需更换程序，就可适应不同尺寸规格零件的自动加工。（　　）

2. 全闭环伺服系统所用位置检测元件是光电脉冲编码器。（　　）

3. 数控机床电气控制系统的发展与数控系统、伺服系统、PLC 等发展密切相关。（　　）

★4. 所输入的加工程序数据经计算机处理，发出所需要的脉冲信号，驱动步进电动机，实现机床的自动控制。（　　）

★5. 在经济型数控系统中，较广泛地使用了伺服电动机作为动力驱动执行的开环控制系统。（　　）

★6. 闭环控制的主要组成部分有：CNC 装置、伺服驱动装置、伺服电动机和检测反馈装置等。（　　）

7. 点位控制是指进给运动从某一个位置到另一个给定位置的过程进行加工。（　　）

8. 一般情况下，半闭环控制系统的精度高于开环系统。（　　）

9．轮廓控制的数控机床只要控制起点和终点位置，对加工过程中的轨迹没有严格要求。
（　　）

10．数控铣床属于直线控制机床。（　　）

11．数控机床是在普通机床的基础上将普通电气装置更换成 CNC 控制装置。（　　）

12．插补运动的实际插补轨迹始终不可能与理想轨迹完全相同。（　　）

13．在开环和半闭环数控机床上，定位精度主要取决于进给丝杠的精度。（　　）

14．点位控制系统不仅要控制从一点到另一点的准确定位，还要控制从一点到另一点的路径。（　　）

15．常用的位移执行机构有步进电动机、直流伺服电动机和交流伺服电动机。（　　）

16．数控机床适用于单品种、大批量零件的生产。（　　）

四、简答题

1．数控机床的各个组成部分有什么作用？

2．数控机床与普通机床相比有什么特点？

★3. 请回答如图 1—1 所示为哪种数控系统，从图中看其具有哪些特点。

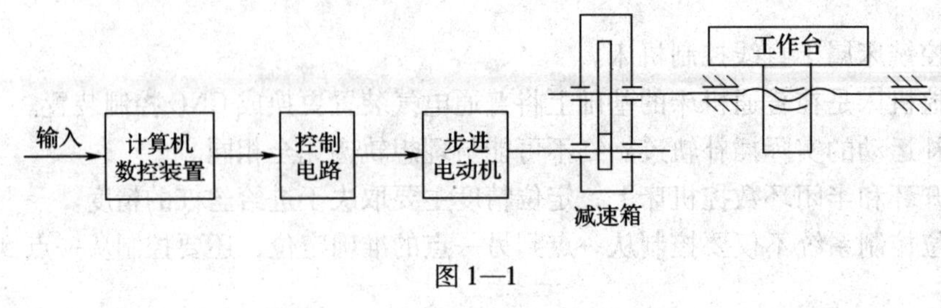

图 1—1

★4. 请回答如图 1—2 所示为哪种数控系统，从图中看其具有哪些特点。

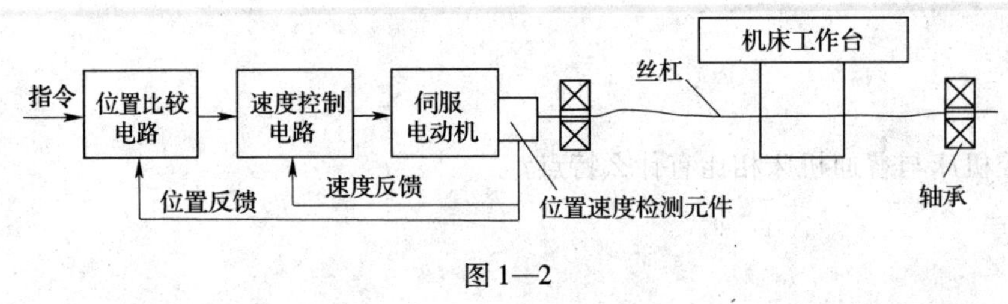

图 1—2

5. 简述数控机床的加工过程。

§1—2 数控机床编程基础

一、填空题（将正确答案填在横线上）

★1. 数控机床坐标系采用的是__________坐标系。

2. 数控机床坐标系的正方向规定为____________________。

3. 数控机床坐标系中 Z 轴的方向指的是____________________的方向，其正方向是____________________。

4. 数控车床中 X 轴的方向是__________，其正方向是____________________。

5. 数控机床坐标系一般可分为________和________两大类。

6. 数控编程是指从零件图样到获得__________的全部工作过程。

★7. 数控机床的编程方法有__________和____________。

8. 一个完整的数控程序由______、________和________三部分组成。

9. 数控机床程序段的格式有__________程序段格式、__________程序段格式和__________程序段格式。

10. 机床原点是机床制造厂家设置在机床上的一个______位置，是机床调试和加工时的________。

11. 机床参考点是用于对机床运动进行检测和控制的______位置点，只有机床参考点被确认后，________移动才有基准。

★12. 以下指令的含义是：M03 ________，M04 __________，M08 ________，M09 ________。

二、选择题（将正确答案序号填在括号里）

1. 在数控机床坐标系中，平行机床主轴的直线运动为（　　）。

A. X 轴　　B. Y 轴　　C. Z 轴

2. 下列指令属于辅助功能的是（　　）。

A. G01　　B. M08　　C. T01　　D. S500

3. 下列指令属于主轴正转功能的是（　　）。

A. M03　　B. M04　　C. M08　　D. M09

4. 辅助功能字 M08 表示（　　）。

A. 程序停止　　B. 冷却液开　　C. 主轴停止　　D. 主轴顺时针转动

★5. 数控机床开机时，一般要进行回参考点操作，其目的是（　　）。

A. 建立机床坐标系　　B. 建立工件坐标系

C. 建立局部坐标系

三、判断题（将判断结果填入括号中，正确的填“√”，错误的填“×”）

1. 确定机床坐标系时，一般先确定 X 轴，然后确定 Y 轴，再根据右手定则确定 Z 轴。（　　）

2. 数控机床坐标系是机床固有的坐标系，一般情况下不允许用户改动。（　　）

3. 机床参考点是数控机床上固有的机械原点，该点到机床坐标原点在进给坐标轴方向上的距离可以在机床出厂时设定。（　　）

4. 车床主轴反转应用 M04 指令。（　　）

5. 梯形图不是数控加工编程语言。（　　）

四、简答题

1. 简述数控编程的步骤。

2. 数控加工程序的开始部分和结束部分常用什么符号及代码表示？

§1—3　数控机床电气维修基础

一、填空题（将正确答案填在横线上）

1. 数控机床电气控制系统一般由____________、____________、____________、____________、____________、____________、____________和____________等组成。

2. 数控机床根据故障发生的性质分类，分为______故障、______故障和______故障三种。

★3. 数控机床电气故障常用诊断方法有__________、__________、__________、__________、__________、__________等。

4. 普通数控机床环境温度应在__________以下。

★5. 为保持 RAM 所保存的系统数据，应及时更换电池，以便确保系统正常工作。另外，一定要注意，电池的更换应在数控系统__________状态下进行。

二、选择题（将正确答案序号填在括号里）

1. 以下情况可采用参数检查法的是（　　）。

A. 长期闲置不用的机床　　B. 多种报警同时存在时

C. 无缘无故出现的不正常现象　　D. 以上都是

2. 下列选项中不属于数控机床故障诊断与维修的一般方法的是（　　）。

A. 追踪法　　B. 自诊断法　　C. 通信诊断法　　D. 替换法

3. 下列选项中不属于数控机床故障诊断与维修技术的是（　　）。

A. 在线诊断　　B. 自修复系统

C. 专家诊断系统　　D. 计算机仿真与监测

★4. 数控机床电气柜的空气交换部件应（　　）清除积尘，以免温升过高产生故障。

A. 每日　　B. 每周　　C. 每季度　　D. 每年

三、判断题（将判断结果填入括号中，正确的填“√”，错误的填“×”）

★1．维修人员只要有较强的动手能力，不需要具有一定的专业外语基础。（ ）

★2．维修人员常用的仪表有万用表、示波器等。（ ）

★3．功能程序测试法常用于闲置时间较长的数控机床恢复使用时和对数控机床进行定期检修后。（ ）

★4．故障信息一般以报警显示的形式在 CRT 中进行显示，报警显示的内容与数控系统的不同无关。（ ）

★5．所谓开机自诊断是指数控系统通电时，由系统内部诊断程序自动执行的诊断，它类似于计算机的开机诊断。（ ）

★6．维修人员应具备较高的素质，专业知识面广，经过良好的技术培训，熟悉数控机床结构。（ ）

★7．维修人员维修故障前，应根据故障现象与故障记录，认真对照系统、机床使用说明书进行各项检查，以便确认故障的原因。（ ）

★8．供电电压过低、过高，波动过大；电源相序不正确或三相输入电压不平衡；环境温度过高；有害气体、潮气、粉尘侵入；外来振动和干扰等引起的故障属于数控机床自身故障。（ ）

★9．对长期不用的数控系统要经常通电，特别是在梅雨季节更应如此，利用电气元件本身的发热来驱散数控系统内的潮气，以保证电子器件性能稳定可靠。（ ）

★10．数控机床在长期不用时可以直接放置在车间里。（ ）

11．数控机床应在机床断电时更换数控系统的后备电池。（ ）

四、简答题

1．如何对数控系统进行日常维护？

2. 数控机床中的抗干扰措施有哪些?

§1—4 FANUC 0i Mate-TD 系统数控车床的基本操作

一、填空题（将正确答案填在横线上）

1. FANUC 0i Mate-TD 系统的数控机床总面板主要由__________区、__________区、__________区和__________区组成。

2. 当________开关处于“ON”位置时，即使在“编辑”状态下也不能对 NC 程序进行编辑操作。

★3. 数控机床开机步骤包括以下过程：____________________；____________________；____________________；____________________。

4. 为了刀具及机床的安全，数控车床的返回参考点操作一般应按“先______，后______”的顺序进行。

5. 填写下列各键的功能：RESET 键___________；PROG 键___________；EDIT 键___________。

二、选择题（将正确答案序号填在括号里）

★1. 数控机床工作时，当发生任何异常现象需要紧急处理时应启动（　　）功能。

A. 程序停止　　B. 暂停　　C. 急停

2. （　　），需要手动返回机床参考点。

A. 机床电源接通开始工作之前

B. 机床停电后，再次接通数控系统电源时

C. 机床在急停信号或超程报警信号解除之后，恢复工作时

D. 以上都是

3. 数控机床主轴要以 800 r/min 的转速正转，其指令应是（　　）。

A. M03 S800　　B. M04 S800　　C. M05 S800

4. 在“机床锁定”方式下进行自动运行，（　　）功能应被锁定。

A. 进给　　B. 刀架转位　　C. 主轴

5. 数控机床每次接通电源后在运行前首先应做的是（　　）。

A. 给机床各部分加润滑油　　B. 检查刀具安装是否正确

C. 机床各坐标轴回参考点　　D. 检查工件是否安装正确

6. 在 CRT/MDI 面板的功能键中，显示机床当前位置的键是（　　）。

A. POS　　B. PRGRM　　C. OFSET

7. 在 CRT/MDI 面板的功能键中，用于程序编制的键是（　　）。

A. POS　　B. PRGRM　　C. ALARM

8. 在 CRT/MDI 面板的功能键中，用于刀具偏置数设置的键是（　　）。

A. POS　　B. OFSET　　C. PRGRM

9. 在 CRT/MDI 面板的功能键中，用于报警显示的键是（　　）。

A. DGNOS　　B. ALARM　　C. PARAM

10. 在 CRT/MDI 面板的功能键中，用于参数显示设定的键是（　　）。

A. OFSET　　B. PARAM　　C. PRGRM

11. 在数控程序编制功能中，常用的插入键是（　　）。

A. INSRT　　B. ALTER　　C. DELET

12. 在数控程序编制功能中，常用的删除键是（　　）。

A. INSRT　　B. ALTER　　C. DELET

13. 在 CRT/MDI 操作面板上，页面变换键是（　　）。

A. PAGA　　B. CURSOR　　C. EOB

14. 在数控屏幕上的菜单词汇中，有四个英文词汇 SPINDLE、EMERGENCY STOP、FEED、COOLANT，现有四个中文术语：①主轴②冷却液③急停④进给，请给出正确的对应顺序（　　）。

A. ①②③④　　B. ①③④②

C. ④①②③　　D. ③①②④

15. 有四个数控机床操作名称的英文词汇 BOTTON、SOFT KEY、HARD KEY、SWITCH，现有四个中文术语：①软键②硬键③按钮④开关，请给出正确的对应顺序（　　）。

A. ③④①②　　B. ①③②④

C. ③①②④　　D. ①②③④

16. 在数控系统中，（　　）是数控车床应用的控制系统。

A. FANUC 0i Mate－TD　B. FANUC－0M　　C. SIEMENS 820G

★17. 经济型数控机床的通电前检查包括（　　）。

A. 输入电源电压和频率的确认　　B. 直流电源的检查

C. 各熔断器的检查　　D. 以上都是

★18. 在第一次接通（　　）电源前，应先暂时切断伺服驱动电源（面板上的功放开关）。

A. 伺服驱动　　　　B. 主轴与辅助装置

C. 强电柜电源　　　　D. 数控系统

★19. 准备功能又叫（　　）功能。

A. M　　　　B. G　　　　C. S　　　　D. T

三、判断题（将判断结果填入括号中，正确的填“√”，错误的填“×”）

1. 数控机床软极限可以通过调整系统参数来改变。（　　）

2. 按数控系统操作面板上的 RESET 键后，就能消除报警信息。（　　）

3. 当数控机床返回参考点后，机床的软超程保护功能和螺距补偿功能才能有效。（　　）

4. 当数控机床失去对机床参考点的记忆时，必须进行返回参考点的操作。（　　）

5. 若输入程序过程中报警，须按复位键消除。（　　）

6. 数控车床换刀时必须先回零。（　　）

7. MDI 功能的特点是只可以输入指令、数据和参数，不可以插入和修改程序。（　　）

四、操作题

工　作　页

【学步任务】认识 FANUC 0i Mate－TD 数控车床面板

1. 填写数控机床操作面板各组成部分的名称。

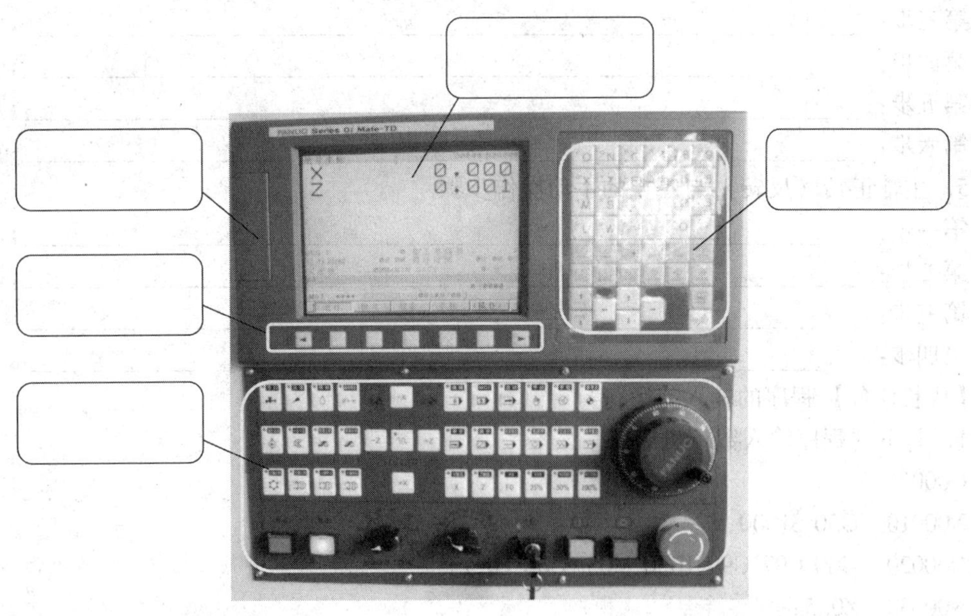

2. 填写如下功能键含义。

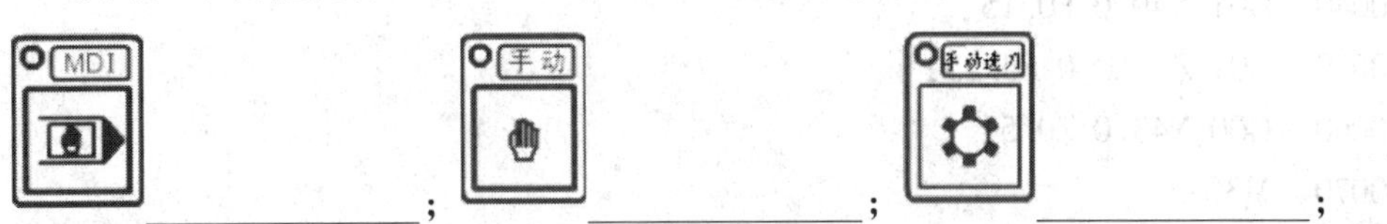

________；________；________；

【进阶任务】数控机床的基本操作

1．数控机床通电的操作步骤

第一步：____；

第二步：____；

第三步：____；

第四步：____；

第五步：____。

2．数控机床断电的操作步骤

第一步：____；

第二步：____；

第三步：____；

第四步：____。

3．数控机床返回参考点的操作步骤

第一步：____；

第二步：____；

第三步：____；

第四步：____。

4．数控机床进给轴的点动操作步骤

第一步：____；

第二步：____；

第三步：____；

第四步：____；

第五步：____；

第六步：____。

5．主轴正转（反转）与停止的手动操作步骤

第一步：____；

第二步：____；

第三步：____；

第四步：____。

【成长任务】程序的输入与运行

1．将下列程序输入数控机床

```
O0001
N00010  G50 S1000;
N00020  G00 G97 G99 T030 M03 S500 F0.2;
N00030  Z0.5;
N00040  G01 X40.0 F0.15;
N00050  G01 Z-10.0 F0.25;
N00060  G00 X43.0 Z0.5;
N00070  M30;
```

2．程序运行

（1）程序模拟运行。

（2）程序单段运行。

（3）程序自动运行。

§1—5　SIEMENS 802D 系统数控立式加工中心的基本操作

一、填空题（将正确答案填在横线上）

1．SIEMENS 802D 系统数控立式加工中心的面板主要由______________区、____________区和____________区组成。

2．在 802D 系统面板的功能键中，报警应答键是__________，插入键是__________，删除键是__________，结束键是__________，替换键是____________。

3．在接通加工中心电源前，应首先检查加工中心的______及____________，然后按照“先__________电源，后__________电源”的顺序通电。

4．关闭加工中心电源时，必须按照“先____电源，后________电源”的顺序来断电。

二、选择题（将正确答案序号填在括号里）

1．在下列图标中，属于数控机床主轴正转的键是（　　）。

A. 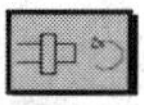　　　　B. 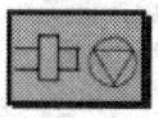　　　　C.

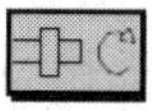

2．在下列图标中，属于机床自动方式的键是（　　）。

A. 　　　　B. 　　　　C.

3．数控程序编制功能中常用的退格删除键是（　　）。

A．BACKSPACE　　　B．DEL　　　C．RST

三、操作题

工　作　页

【学步任务】认识 SIEMENS 802D 数控系统的操作面板

1．将下列功能键的含义填写在横线上。

____________；____________；____________；

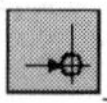

____________；____________；____________。

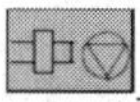

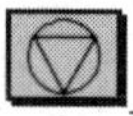

【进阶任务】数控机床的基本操作

1．数控加工中心的开机与返回参考点的步骤

第一步：____；

第二步：____；

第三步：____；

第四步：____；
第五步：____。

2．数控机床进给轴的点动操作步骤

第一步：____；
第二步：____；
第三步：____；
第四步：____；
第五步：____；
第六步：____。

【成长任务】部分功能调试

1．主轴手动正反转操作。调试结果：____________________。

2．在手动数据输入模式下，输入“G00 X－5 Y0 Z5 M03 S800 F100”。

调试结果：____。

第二章　数控装置故障检修

§2—1　数控装置概述

一、填空题（将正确答案填在横线上）

★1. 数控装置由________和________两部分组成。

2. CNC 装置按硬件结构分为__________结构和_________结构；按 CNC 装置总体安装结构形式分为________结构和__________结构；按微处理器的个数分为________结构和_________结构。

3. 单微处理器结构只有一个微处理器，采用_________、______处理数控装置的各个任务。

4. 多微处理器结构的 CNC 装置大都采用______结构，常见的有六种基本功能模块，分别是___________模块、__________模块、____________模块、____________模块、__________模块、______________模块。

5. CNC 管理模块具有______和______整个 CNC 系统工作过程的职能，如系统初始化、______________、______________、______________、____________等。

6. 系统总线的作用是把各个模块有效地______在一起，依靠________来实现各模块之间的______，按要求交换______和______，构成一个完整的系统，实现各种预定的功能。

7. 在 CNC 软件设计中，常采用资源__________并行处理和资源______并行处理技术，较常见的 CNC 软件结构形式有__________软件结构和_________软件结构。

8. CNC 软件的前台程序为______程序，承担实时任务，实现______控制和__________________控制等实时功能；其后台程序也称为______程序，是一个______________程序，实现数控加工程序的__________、____________和______________等任务。

9. CNC 软件在硬件的支持下，实现了对系统__________、__________、__________、__________、__________、____________、________________、________________等方面的控制。

10. 插补是指数控机床能够实现的________能力。

11. SINUMERIK 802S 属于经济型系统，能控制______个步进驱动轴和____个模拟主轴。

12. CNC 装置中的存储器模块主要存放________和________的存储器。

13. 数控系统的管理软件存放在______存储器中，控制软件存放在______存储器中。

14. CNC 装置的辅助功能也称 M 功能，主要完成主轴的______和______、冷却液的

______和________、刀具的______ 和 ______、工件的________和______。

15．CNC 装置的功能通常包括____ 功能和____ 功能，基本功能包括______功能、______功能、________ 功能、________功能 、______ 功能、______功能、________功能、______ 功能和自诊断功能等。

16．数控装置将所收到的信号进行一系列处理后，再将其处理结果以______ 形式向伺服系统发出执行命令。

二、选择题（将正确答案序号填在括号里）

1．数控装置在硬件基础上必须有相应的系统软件来指挥和协调硬件的工作，两者缺一不可。数控装置的软件由（　　）组成。

A．控制软件　　B．管理软件和控制软件

C．管理软件　　D．系统软件

2．数控系统常用的两种插补功能是（　　）。

A．直线插补和圆弧插补

B．直线插补和抛物线插补

C．抛物线插补和圆弧插补

D．螺旋线插补和抛物线插补

3．（　　）是数控铣床应用的控制系统。

A．FANUC 0i Mate – TD　　B．HNC – 22M

C．GSK980TD

4．FANUC 0i Mate – TD 系统的 JA40 接口功能是（　　）。

A．编码器接口　　B．伺服接口

C．模拟主轴接口

★5．对参数的修改要谨慎，有些参数是数控装置制造厂家自己规定的，它属于一种（　　）参数。

A．可变功能　　B．设置

C．基本　　D．保密

★6．数控机床中把脉冲信号转换成机床移动部件运动的组成部分称为（　　）。

A．控制介质　　B．数控装置

C．伺服系统　　D．机床本体

三、判断题（将判断结果填入括号中，正确的填“√”，错误的填“×”）

1．华中 HNC—21T 数控系统采用先进的开放式体系结构，广泛用于车、铣、加工中心等各种机床控制。（　　）

2．GSK980TB2 数控系统运用实时多任务控制技术和硬件插补技术，实现了微米级精度的运动控制。（　　）

3．CNC 装置的控制功能主要反映 CNC 装置能够控制的轴数。（　　）

4．刀具补偿可以把零件轮廓轨迹转换成刀具中心轨迹，以保证零件加工的精度。（　　）

四、简答题

1．简述数控装置软件的工作过程。

2．简述数控装置的特点。

3．简述 SINUMERIK 802D 系统的特点。

五、操作题

工 作 页

【学步任务】认识各个数控厂家的数控装置

数控装置的型号为（　　　　　　　　）　数控装置的型号为（　　　　　　　　）

该数控装置适用于（　　　　　　）机床　该数控装置适用于（　　　　　　）机床

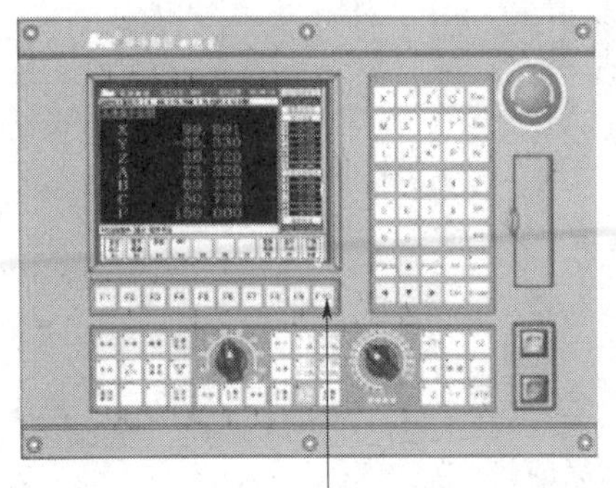

数控装置的型号为（　　　　　　　　）　数控装置的型号为（　　　　　　　　）

该数控装置适用于（　　　　　　）机床　该数控装置适用于（　　　　　　）机床

【进阶任务】认识 FANUC 0i Mate – TD 数控装置的主要接口

（　　　）（　　　）（　　　）（　　　）（　　　）（　　　）

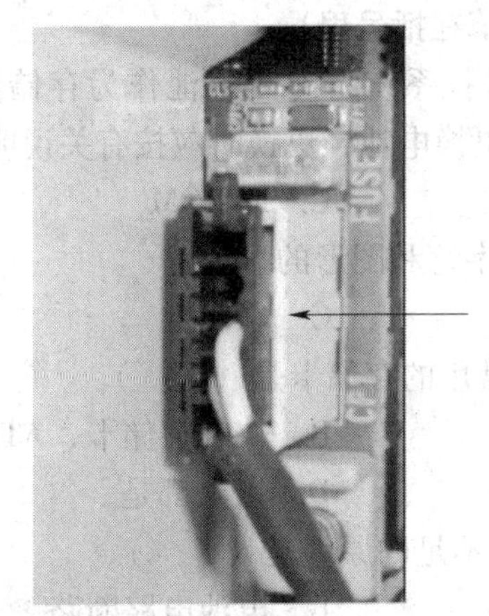

【成长任务】接口的连接与检测

1. 拔插并认识伺服串行光缆插头（FSSB）。

2. 拔插电源线插头，并掌握接线：1 脚接______V，2 脚接____ V，3 脚接______。

3. 拔插并认识模拟主轴 JA40 插头。

§2—2　数控装置（FANUC 系统）的故障分析与检修

一、填空题（将正确答案填在横线上）

1. 数控系统发生故障时，首先根据________来综合判断故障发生的部位，初步确定是电气线路的______故障还是______故障，然后通过必要的检测与试验，达到确认和最终排除故障的目的。

★2. 数控装置发生硬件故障时，常用的检查方法是：_________；检查_____________；检查______________；更换________。

3. FANUC 0i Mate - TD 数控装置出现报警画面，其画面显示的主要信息有_______、________、______________、__________。

4. 数控装置在进行熔丝的更换之前，首先要排除熔丝烧断的______，然后再更换________的熔丝。

5. 当数控装置_________时，LCD 画面上闪烁显示警告信息“BAT”，此时应尽快更换电池。

6. 数控装置中的存储器后备电池应_________年定期更换一次，更换电池时，应在_________状态下进行。

7. FANUC 数控系统有两种进行数据备份和恢复的方法，一是_______________，二是______________________。

8. 提高操作者的业务技术培训，应严格按照操作规范执行，可避免________故障的发生。

9. FANUC 0i Mate - TD 系统出现 OH0700 报警，其报警信息是______________。

10. FANUC 0i Mate - TD 系统出现 NO. 749 ~ NO. 799 报警，其报警信息是________。

二、选择题（将正确答案序号填在括号里）

1．为了保护零件加工程序，数控系统有专用电池作为存储器（ ）芯片的备用电源。当电池电压小于4.5 V时，需更换电池，更换时应按有关说明书介绍的方法进行操作。

A．RAM B．ROM C．EPROM D．CPU

★2．（ ）接口用于实现数据字符和图形的显示。

A．MDI B．I/O C．CRT D．PID

3．FANUC数控系统备份数据常用的存储卡是（ ）。

A．SRAM存储卡 B．快闪存储卡、ATA卡

C．CF卡 D．以上都是

4．造成数控系统后备电池电压不足的原因是（ ）。

A．电池失效 B．电池电路断路

C．短路、接触不良 D．以上都是

5．机床通电前进行外部电器检查的主要内容是（ ）。

A．电器外观检查 B．散热风扇、周围环境温度的检查

C．接线情况检查 D．以上都是

三、判断题（将判断结果填入括号中，正确的填"√"，错误的填"×"）

★1．数据存储器一般用随机存储器RAM。（ ）

★2．经济型数控系统常用的存储器有后备电池法和采用非易失性存储器。（ ）

3．当系统陷入死循环而中断时，应采取优化程序或关闭电源的方法重新启动系统。（ ）

4．当电池报警灯亮时应及时更换电池，否则机床参数可能丢失。（ ）

5．应对长期闲置不用的数控机床定期开机，以防电池长期得不到充电而造成机床软件的丢失。（ ）

四、简答题

★1．数控装置故障的常规检查内容有哪些？

2. 简述 FANUC 0i Mate－TD 系统出现 OH0700 报警故障的检修步骤。

五、操作题

工　作　页

【学步任务】数控装置的电池与风扇的更换

1. 更换 CNC 存储器电池的操作步骤

步骤一：____；

步骤二：____；

步骤三：____。

更换时的注意事项：____。

2. 更换风扇电动机的操作步骤

步骤一：____；

步骤二：____；

步骤三：____。

【进阶任务】报警识别与参数设定

1. 结合教材掌握 LED 的故障指示及故障信息查询与处理。

2. *X* 轴与 *Z* 轴的参数设定

根据教材表 2—2—6 轴设定参数，进行参数设定。

步骤一：____；

步骤二：____；

步骤三：____。

【成长任务】数控装置“NOT READY（没准备好）”故障的检修

结合教材表 2—2—8 中的“NOT READY（没准备好）”故障，进行诊断与处理。

1. 故障原因

（1）________________；（2）________________；（3）________________；

（4）________________；（5）________________；（6）________________。

2. 检修方法与步骤

步骤一：____；
步骤二：____；
步骤三：____；
步骤四：____；
步骤五：____；
步骤六：____。
维修总结：____。

第三章 数控机床进给伺服系统故障检修

§3—1 数控机床进给伺服系统组成及工作原理

一、填空题（将正确答案填在横线上）

1. 数控机床进给伺服电动机要求______转矩，宽调速范围______。

2. 数控机床的进给伺服系统按驱动电动机的类型分为________驱动系统、________驱动系统和________驱动系统三大类。

3. 数控机床进给伺服系统的组成一般由________、________、________和________四部分组成。

4. 步进电动机又称为脉冲电动机，是一种将______转化为______的电磁机械装置。常用的步进电动机有______步进电动机和______步进电动机两种。

★5. 步进电动机通过控制______控制速度；通过控制______控制位移量；通过改变步进电动机输入脉冲信号的循环方向，实现步进电动机的______。

6. 每发出一个脉冲信号，机床相应移动部件产生的位移量叫______。

7. 步进式伺服系统是______位置伺服系统，其采用______作为执行元件。

8. 交流伺服电动机一般为______电动机，主要由____、______和______三部分组成。

9. 典型的伺服控制系统一般具有______、______和____三环控制。

10. βi SVM 伺服驱动器的 JF1 接口功能是________。

11. 驱动器端子接口定义中 CP + 的含义是____________，DIR + 的含义是____________。

二、选择题（将正确答案序号填在括号里）

★1. 数控机床的脉冲当量是指（　　）。

A. 数控机床移动部件每分钟位移量

B. 数控机床移动部件每分钟进给量

C. 数控机床移动部件每秒钟位移量

D. 每个脉冲信号使数控机床移动部件产生的位移量

2. 下列分类中，不属于交流伺服驱动系统驱动的电动机是（　　）。

A. 无刷电动机　　B. 交流永磁同步电动机

C. 步进电动机　　D. 笼型异步电动机

★3. 数控机床闭环伺服系统的反馈装置装在（　　）上。

A. 伺服电动机轴　　B. 工作台　　C. 进给丝杠

4. 直流伺服电动机主要采用（　　）换向，以获得优良的调速性能。

A．电子式　　　　B．数字式　　　　C．机械式

5．步进电动机的转速是通过改变电动机的（　　）而实现的。

A．脉冲频率　　　　B．脉冲速度

C．通电顺序　　　　D．脉冲个数

6．全闭环伺服系统与半闭环伺服系统的区别在于运动部件上的（　　）。

A．执行机构　　　　B．反馈信号　　　　C．检测元件

★7．交流伺服电动机与电磁式同步电动机（　　）。

A．工作原理及结构完全相同　　B．工作原理相同但结构不同

C．工作原理不同但结构相同　　D．工作原理及结构完全不同

三、判断题（将判断结果填入括号中，正确的填"√"，错误的填"×"）

★1．驱动电路的功能是将微机送来的弱电信号变成强电信号，供给步进电动机控制绕组电流，从而产生驱动功率。（　　）

★2．数控装置每发出一个脉冲信号，就会使步进电动机的转子旋转一个固定角度，该角度称为步距角。（　　）

3．步进电动机采用三相六拍的通电方式，此时的步距角为30°。（　　）

★4．采用步进驱动的数控机床利用齿轮传动，可以实现减速，达到所需要的脉冲当量，以满足结构要求和增大转矩。（　　）

★5．数控机床的伺服系统由伺服驱动和伺服执行两部分组成。（　　）

6．伺服电动机驱动的使能信号无效时，电动机不工作。（　　）

四、简答题

简述数控机床对进给伺服驱动系统的要求。

五、操作题

工　作　页

【学步任务】认识βi SVMI－20伺服驱动模块型号与接口定义

1．型号含义

βi ______________；SVM ______________；I __________；20 __________。

2．接口定义

L1/L2/L3接口____________________；U/V/W接口________________；

CX30接口_________________；CXA19A接口___________________；

COP10A、COP10B接口________________________；JF1接口__________。

【进阶任务】绘制SVMI－20伺服驱动的接线原理图

【成长任务】根据原理图完成接线与调试

1．根据原理图接线

（1）系统电源接线；（2）数控系统与进给伺服放大器的连接。

2．通电前线路检查

3．参数设置

（1）1825号参数设置为________；（2）1828号参数设置为__________；

（3）1829号参数设置为________；（4）1410号参数设置为__________。

4．部分功能调试

（1）回零操作。调试结果____。

（2）*X*轴和*Z*轴操作。调试结果____。

§3—2　进给伺服系统电气线路分析与故障检修

一、填空题（将正确答案填在横线上）

1. FANUC βis 系列 SVMI－20 交流伺服驱动器的电源输入端 R、S、T 接入三相______电压。

2. FANUC 0i Mate－TD 系统进给伺服轴的移动位置超出可由参数______、______设定安全区域。

★3. 进给伺服系统故障报警通常有三种方式：一是______；二是______；三是______。

4. 产生高电压报警的主要原因有______、______、______。

5. βi 系列单轴驱动器出现过热报警的原因有______、______、______。

6. 引起伺服电动机不转的原因有______、______、______、______、______。

二、选择题（将正确答案序号填在括号里）

1. 当伺服单元反馈信号电缆断线时，会出现（　　）。

A. 速度反馈断线报警　　B. 低压报警

C. 大电流报警　　D. 以上都是

2. 产生电压过低报警的原因有（　　）。

A. 输入的交流电压过低　　B. 伺服变压器与伺服单元之间连接不良

C. 伺服单元印制线路板接触故障　　D. 以上都是

3. 下列故障能引起驱动模块 +24 V 电压低的有（　　）。

A. 外部 DC24 V 电压过低　　B. 环境温度过高

C. 主回路缺相　　D. 电压输入过高

三、简答题

1. 造成机床失控的主要原因有哪些？

2．机床进给时振动的主要原因有哪些？

四、操作题（完成下列工作任务）

工　作　页

【学步任务】结合教材图 3—2—1，分析系统出现 SV0401 报警的原因

故障原因：

【进阶任务】结合分析的原因绘制检修流程图

【成长任务】根据检修流程图，进行故障检修

1. 准备检修仪表、工具及资料。____________________________________。

2. 根据检修流程图进行检修。检修方法____________________________。

3. 故障点记录与修复。____。

4. 维修总结。

____。

第四章　数控机床主轴驱动系统故障检修

§4—1　数控机床主轴驱动系统

一、填空题（将正确答案填在横线上）

1. 主轴变速分为＿＿＿＿＿变速、＿＿＿＿＿＿变速、＿＿＿＿＿＿变速三种形式。

2. 无级变速系统根据控制方式的不同，可分为＿＿＿＿系统和＿＿＿系统两种。在无级变速中，＿＿＿＿主轴一般用于普及型数控机床，＿＿＿＿主轴用于中、高档数控机床。

3. 中、高档数控机床采用＿＿＿＿＿主轴驱动。普及型数控机床采用＿＿＿主轴驱动。

4. 数控车床具有螺纹切削功能，要求主轴能与进给驱动实现＿＿＿控制。

5. 高速主轴的驱动多采用＿＿＿＿主轴，这种主轴结构紧凑，质量小和惯性小，有利于提高主轴的＿＿＿＿。

6. 主轴定向控制的实现方式有＿＿＿＿＿＿＿、＿＿＿＿＿＿＿＿两种。

7. 根据主轴速度控制信号的不同，可分为＿＿＿＿主轴驱动装置和＿＿＿＿＿主轴驱动装置两类。

8. FANUC 0i Mate 系统主轴控制接口可分为＿＿＿＿＿接口和＿＿＿＿＿接口；JA40 接口属于＿＿＿＿＿＿；JA41 接口属于＿＿＿＿＿＿。

9. 交流主轴驱动系统有＿＿＿和＿＿＿两种形式，其结构由＿＿＿＿＿、＿＿＿＿＿和＿＿＿＿＿＿＿三部分组成。

10. 新一代的 αi 系列、βi 系列主轴伺服系统采用＿＿＿＿＿控制技术，进行矢量计算，主回路采用＿＿＿＿＿＿控制技术，并具有＿＿＿＿控制功能。

11. SIEMENS 611 伺服驱动系统是一种模块化晶体管脉冲变频器，除具有传统的＿＿＿和＿＿＿控制等功能以外，还具有定向功能。

二、选择题（将正确答案序号填在括号里）

★1. 为了保证机床能满足不同的工艺要求，并能够获得足够的切削速度，对主传动系统的要求是（　　）。

A. 无级变速　　B. 变速范围宽

C. 分段无级变速　　D. 调速范围要宽并能实现无级调速

2. 数控加工中心的主轴部件上设有准停装置，其作用是（　　）。

A. 提高加工精度　　B. 提高机床精度

C. 保证自动换刀、提高刀具重复定位精度，满足一些特殊工艺要求

3. 伺服主轴驱动系统具有（　　）的特点，还可以实现定向和进给功能。

A. 响应快　　B. 速度高　　C. 过载能力强　　D. 以上都是

4. FANUC 0i Mate 系统串行主轴输出控制接口能够控制（　　）个串行主轴。

A. 1　　B. 2　　C. 3　　D. 以上都是

5. FANUC 0i Mate TD 数控系统主轴设置为模拟变频控制的参数是（　　）。

A. 3716 号　　B. 3740 号　　C. 3741 号　　D. 3772 号

三、简答题

★1. 简述数控机床对主轴传动的要求。

2. 简述 SIEMENS 611 系列全数字伺服系统的特点。

四、操作题

工　作　页

【学步任务】认识 FANUC 0i Mate TD 系统接口和 FR－S500 变频器常用端子的含义

1. FANUC 0i Mate TD 系统主轴模拟接口

JA40 接口含义：____。

2．FR－S500 变频器端子

L1、L2、L3 端子含义：____________。U、V、W 端子含义：________________。

【进阶任务】绘制 FANUC 0i Mate TD 数控系统模拟主轴与 FR－S500 变频器的连接图

【成长任务】根据原理图完成接线与调试

1．根据原理图接线

（1）系统电源接线；（2）数控系统与变频器的连接。

2．通电前线路检查

3．系统参数设置

（1）3716 号参数设置为________；（2）3730 号参数设置为__________；

（3）3741 号参数设置为________；（4）3772 号参数设置为__________。

4．变频器参数设置

（1）Pr. 0 参数设置为____________；（2）Pr. 1 参数设置为__________；

（3）Pr. 2 参数设置为____________；（4）Pr. 3 参数设置为__________；

（5）Pr. 7 参数设置为____________；（6）Pr. 8 参数设置为__________；

（7）Pr. 9 参数设置为____________；（8）Pr. 30 参数设置为__________；

（9）Pr. 73 参数设置为____________；（10）Pr. 79 参数设置为________；

5．主轴调试

（1）主轴手动正反转操作。调试结果：____________________________________。

（2）“MDI”方式的主轴操作。调试结果：________________________________。

§4—2　主轴驱动系统电气线路分析与故障检修

一、填空题（将正确答案填在横线上）

1．当主轴驱动系统发生故障时，通常有三种表现形式：在__________________上显示______内容或______信息；在主轴驱动装置上用__________或______________显示主轴驱动装置的故障；主轴工作不正常，__________________。

2．日立 sj300 变频器的故障代码 E05 的含义是__________________，故障代码 E01 的含义是________________。

3．主轴发生过流报警的主要原因有________________、____________、____________、________________、______________________。

4．日立 sj300 变频器 E03 故障代码的含义是______________，引起 E03 报警的原因有________、__________________、________________、________________等。

二、选择题（将正确答案序号填在括号里）

1．CAK4085di 数控车床的主轴变速采用（　　）。

A．无级变速　　B．变频器调速与机械三挡调速

C．机械调速

2．CAK4085di 数控车床的主轴正转是由（　　）继电器控制的。

A．KA5　　B．KA6　　C．KA7　　D．KA8

3．日立 sj300 变频器在快速减速时可能发生的故障是（　　）。

A．E01 过流　　B．E02 过流　　C．E15 过压　　D．以上都是

4．变频器输出端子 U、V、W 三相电压一般采用（　　）测量。

A．模拟式万用表　　B．数字式万用表

C．两者都可

三、简答题

1．简述主轴电动机振动或噪声太大的原因与处理方法。

2. 简述数控机床主轴定位抖动的原因与处理方法。

四、操作题

工　作　页

【学步任务】参考教材图 4—2—2，重新绘制主轴电路原理图

【进阶任务】识读电路图（参考教材图 4—2—2）

1．QF1 的作用是____________；KA5 的作用是______________；KA6 的作用是__________；KA5 继电器的线圈电压是__________V；主轴模拟量电压是__________V。

2．对主轴正转控制电路的分析：

____。

3．对主轴反转控制电路的分析：

____。

4．对主轴电动机速度控制电路的分析：

____。

【成长任务】主轴正转不运转，KA5 不吸合的故障检修

参考教材图 4—2—2 和故障检修流程图 4—2—3，进行故障检修。

1．准备检修仪表、工具及资料。________________________________。

2．根据检修流程图进行检修。检修方法__________________________。

3．故障点记录与修复。____________________________________。

4．维修总结。

____

____

____

____。

第五章　数控机床位置检测系统故障检修

§5—1　数控机床位置检测装置组成及工作原理

一、填空题（将正确答案填在横线上）

1．检测装置是数控机床中的重要组成部分，其主要作用是检测________、__________和__________的______值，并发出反馈信号传送给________装置或__________装置。

2．位置检测装置按检测信号不同可分为__________和__________两种。

3．位置检测装置按被测量的不同可分为________测量装置和__________测量装置。

4．常用的测量直线位移的测量元件有________、________、______；用于测量角位移的检测元件有__________和____________。

★5．脉冲编码器是一种________的测量元件，通常装在______上，随其一起转动，可将其的________转换成______。

★6．脉冲编码器根据内部结构和检测方式分为______、________和______三种。

7．脉冲编码器按照编码方式可分为______________编码器和____________编码器两种。

8．磁栅测量装置由________、________和__________组成。

9．光栅是根据____________原理制成的一种脉冲输出数字式传感器。

10．按形状分，计量光栅可分为______光栅和________光栅。

11．感应同步器的工作方式有__________和____________两种。

12．感应同步器测量元件分为____________和__________两种。

13．直线型感应同步器由__________和__________两部分组成。其中，________是安装在机床的固定部件上，而________是安装在机床移动部件上。

14．感应同步器测量精度主要取决于__________的精度。

二、选择题（将正确答案序号填在括号里）

1．数控机床位置检测装置中（　　）不属于旋转型检测装置。

A．光栅尺　　B．旋转变压器　　C．脉冲编码器

2．数控机床位置检测装置中（　　）属于旋转型检测装置。

A．光栅尺　　B．磁栅尺

C．感应同步器　　D．脉冲编码器

3．长光栅在数控机床中的作用是（　　）。

A．测工作台位移　　B．限位

C．测主轴电动机转角　　D．测主轴转速

4．数控机床的检测元件光电编码器属于（　　）。

A．旋转式检测元件　　B．移动式检测元件

C. 接触式检测元件

5. 数控机床中，码盘是（　　）反馈元件。

A. 位置　　B. 温度　　C. 压力　　D. 流量

★6. 在全闭环数控系统中，用于位置反馈的元件是（　　）。

A. 光栅尺　　B. 圆光栅　　C. 旋转变压器　　D. 圆感应同步器

7. 莫尔条纹的形成主要是利用光的（　　）现象。

A. 透射　　B. 干涉　　C. 反射　　D. 衍射

8. 数控铣床一般采用半闭环控制方式，它的位置检测器是（　　）。

A. 光栅尺　　B. 脉冲编码器　　C. 感应同步器

9. 数控机床检测反馈装置的作用是：将其准确测得的（　　）数据迅速反馈给数控装置，以便与加工程序给定的指令值进行比较和处理。

A. 直线位移　　B. 角位移或直线位移

C. 角位移　　D. 直线位移和角位移

★10. 旋转变压器的结构类似于（　　）。

A. 交流异步电动机　　B. 绕线式异步电动机

C. 同步电动机

三、判断题（将判断结果填入括号中，正确的填"√"，错误的填"×"）

1. 接触式码盘的码道圈数越多，则其所能分辨的角度越小，测量精度越高。（　　）

2. 编码器又称为码盘，是一种旋转式测量元件，它能将角位移转换成增量脉冲形式或绝对式的代码形式。（　　）

3. 绝对式光电码盘与增量式光电码盘工作原理相似。（　　）

4. 全闭环伺服系统所用位置检测元件是光电脉冲编码器。（　　）

5. 绝对式编码器是直接输出数字信号的传感器。（　　）

6. 车床主轴编码器的作用是防止切削螺纹时乱扣。（　　）

★7. 在数控机床闭环控制系统中，标尺光栅往往固定在床身上不动，而指示光栅随拖板一起移动。（　　）

★8. 旋转变压器是一种电磁式传感器，用来测量旋转物体的转轴角位移和角速度。（　　）

★9. 全闭环数控机床的检测装置通常安装在伺服电动机上。（　　）

四、简答题

★1. 数控机床对位置检测装置的要求是什么？

★2．数控机床常用的位置检测装置有哪些？

3．简述感应同步器的特点。

4．简述莫尔条纹的特点。

§5—2　数控机床位置检测系统线路分析与故障检修

一、填空题（将正确答案填在横线上）

1. 在数控机床的进给半闭环控制系统中，大多采用伺服电动机____________编码器。

2. FANUC 系统产生 4 * 0 和 4 * 1 报警的含义是________________。

3. 当主轴不能定向移动或定向移动不到位时，应重点检测__________、__________、__________、____________ 等方面。

4. 在 FANUC 0i 伺服驱动系统位置测量报警号中，ALM300 ~ ALM309 为________ 报警；ALM330/ ALM331 为____________报警；ALM360 ~ ALM387 为______________报警。

二、选择题（将正确答案序号填在括号里）

1. 在 FANUC 0i 系统中，ALM416 报警的含义是（　　）。

A. 位置测量系统断线报警　　B. CNC 过热报警

C. 伺服驱动报警

2. 下列选项中引起 FANUC 系统产生 P/S090 报警的主要原因是（　　）。

A. 脉冲编码器电源电压太低　　B. 编码器连接线开路

C. 脉冲编码器接触不良　　D. 以上都是

三、简答题

1. 简述数控机床坐标轴进给时振动的原因及处理方法。

2. 简述 FANUC 系统数控车床开机后系统显示 ALM416 报警的原因及处理方法。

四、操作题

工 作 页

【学步任务】识读电路图（参考教材图 5—2—1）

1. 主轴编码器接口 JA41 各管脚定义。

5 脚：______，6 脚：________，7 脚：________，8 脚：______，15 脚：______，17 脚：______，12 脚：________，9 脚：______。

2. 进给轴编码器接口 JF1 各管脚定义。

16 脚：______，7 脚：________，6 脚：______，5 脚：______，12 脚：______，9 脚：________，14 脚：________。

【进阶任务】绘制 FANUC 0i Mate – TD 半闭环位置检测反馈电路图

【成长任务】按图接线

1. *X* 轴卡与驱动器的连接；

2. *Z* 轴卡与驱动器的连接；

3. 伺服电动机编码器的连接；

4. 主轴编码器的连接。

5. 线路检查情况：____

____。

第六章　数控机床PLC电气故障检修

§6—1　数控机床PLC控制

一、填空题（将正确答案填在横线上）

★1. 数控机床各种执行机构的逻辑顺序控制是由________________完成的。

★2. 数控机床常用的PLC主要有_______________ PLC和________（或称__________）PLC两类。目前，CNC系统大多数都采用________PLC，使其结构更加紧凑。

3. 机床操作面板上的各种开关、按钮及检测信号等信息，通过输入接口输入到______________处理后再送到CNC装置中。

4. 数控机床侧的开关量信号主要包括____开关、____开关、______开关、____开关、__________开关等。

5. FANUC数控系统PLC又称为__________。

6. FANUC数控系统可以通过屏幕对PMC实施操作，实现各种信号的____________、____________、____________、______________及______________等。

7. PLC与数控机床交换信息的形式有___________、_________、_________和______四种。

8. PMC地址格式由______________和____________组成。

9. 数控机床在编写程序时通常有____________和____________两种方法。

二、选择题（将正确答案序号填在括号里）

1. 在FANUC系统中，来自机床侧的信号（MT→PMC）用字母（　　）表示。

A. X　　B. F　　C. Y　　D. G

2. 在FANUC系统中，由PMC输出到机床侧的信号（PMC→MT）用字母（　　）表示。

A. X　　B. F　　C. Y　　D. G

3. 在FANUC系统中，来自NC侧的输入信号（NC→PMC）用字母（　　）表示。

A. X　　B. F　　C. Y　　D. G

4. 在FANUC系统中，由PMC输出到NC的信号（PMC→NC）用字母（　　）表示。

A. X　　B. F　　C. Y　　D. G

★5. FANUC数控系统常采用（　　）进行PLC编程。

A. 梯形图符号　　B. 助记符语言

C. 功能块

三、简答题

简述数控机床 PLC 的基本控制功能。

四、操作题（完成下列工作任务）

工　作　页

【学步任务】查阅 FANUC 数控系统的梯形图

1．步骤一：________________________________；

2．步骤二：________________________________；

3．步骤三：________________________________。

【进阶任务】快速查找梯形图中的触点或线圈

1．步骤一：________________________________；

2．步骤二：________________________________；

3．步骤三：________________________________。

【成长任务】输入 PMC 程序，如图 6—1 所示

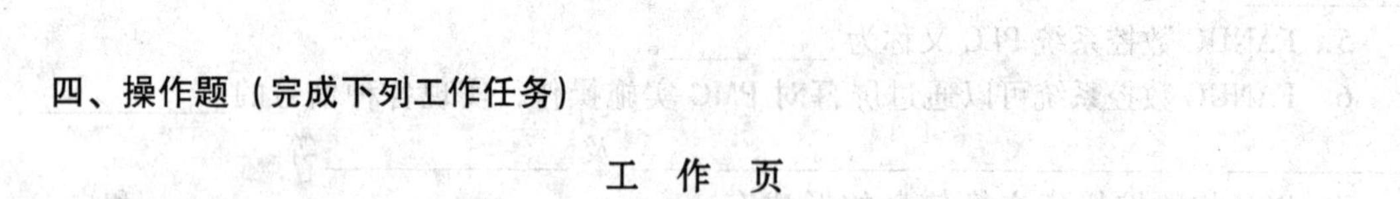

图 6—1　梯形图

1．步骤一：________________；2．步骤二：________________；

3．步骤三：________________；4．步骤四：________________；

5．步骤五：________________；6．步骤六：________________；

7．步骤七：________________；8．步骤八：________________。

§6—2　数控机床 PMC 故障诊断

一、填空题（将正确答案填在横线上）

★1．当数控机床出现 PMC 故障时，一般有三种表现形式：可通过＿＿＿＿＿直接找到故障的原因；虽然有 CNC 报警显示，但引起故障的原因＿＿＿，查找比较＿＿＿，＿＿＿＿＿。

2．通过 PMC 查找故障的基本方法有：根据＿＿＿＿＿＿诊断故障；根据＿＿＿＿＿＿诊断故障；通过＿＿＿＿＿监控、诊断故障；通过＿＿＿＿＿＿追踪、诊断故障等。

3．根据 PMC 的梯形图分析和诊断故障时，维修人员首先应该搞清楚机床的＿＿＿＿＿和＿＿＿＿＿＿，然后利用数控装置的＿＿＿＿＿和＿＿＿＿＿＿，根据 PMC 梯形图查看相关的＿＿＿＿＿＿＿＿＿＿的状态，从而确定故障。

二、操作题

工　作　页

【学步任务】监控 PMC 的信号状态

操作步骤：

1．步骤一：＿＿＿＿＿＿＿＿＿＿＿＿＿＿＿＿＿＿＿＿＿＿＿＿＿＿＿＿＿＿＿；

2．步骤二：＿＿＿＿＿＿＿＿＿＿＿＿＿＿＿＿＿＿＿＿＿＿＿＿＿＿＿＿＿＿＿；

3．步骤三：＿＿＿＿＿＿＿＿＿＿＿＿＿＿＿＿＿＿＿＿＿＿＿＿＿＿＿＿＿＿＿。

【进阶任务】识读与绘制冷却泵电路图（参考教材图 6—2—4）

1．冷却泵控制回路中 KM3 线圈电压是＿＿＿＿＿＿V；KA1 线圈电压是＿＿＿＿V。

2．绘制冷却泵电路原理图。

【成长任务】冷却泵电动机不运转的故障检修

参考教材图 6—2—4 和图 6—2—5，进行故障检修。

1. 准备检修仪表、工具及资料。________________________________。

2. 根据故障现象，对照原理图进行检修。检修方法________________。

3. 故障点记录与修复。____________________________________。

4. 维修总结。

____

____

____

____。

第七章　数控机床辅助装置故障检修

§7—1　数控机床辅助装置简介

§7—2　刀架与冷却、润滑系统电气线路分析与故障检修

§7—3　刀库电气线路分析及故障检修

一、填空题（将正确答案填在横线上）

1. 数控机床的辅助装置主要包括___________、___________、___________、_________、___________和___________等各种装置。

2. 数控机床润滑对象主要包括________、________、________及________等的润滑。其润滑形式有______________润滑和______________润滑等。

3. 数控系统中冷却泵的开、停由辅助指令____________来控制。

4. 数控车床常用的刀架类型是______，数控加工中心的自动换刀装置类型是________。

5. 自动换刀装置应当具备换刀时间______，刀具重复定位精度______，有足够的______，换刀空间______，动作______、使用稳定，刀具识别准确等特性。

6. 带刀库的自动换刀系统由_____________和________________组成。

7. 根据容量、外形和取刀方式的不同，刀库分为__________刀库、__________刀库和__________刀库等。

8. 在数控机床中，刀库选择刀具通常有_________和_____________两种。

9. 在任意选刀方式下，编码方式主要有__________、__________、________三种。

10. 刀具交换装置一般常用的有两种：利用__________________实现刀具交换；采用________进行刀具交换。

11. 数控机床中常见的排屑装置有________排屑装置、________排屑装置和________排屑装置等。

12. 数控车床常采用的回转四工位电动刀架的工作过程是刀架的________、________、________、__________四个阶段。

13. 电动刀架刀位锁不紧的主要原因有___________、_____________、____________等。

二、选择题（将正确答案序号填在括号里）

1. 数控机床冷却系统的作用是（　　）。

A. 冷却刀具　　B. 冲屑　　C. 冷却工件　　D. 以上都是

2. 圆盘式刀库一般安装在机床的（　　）上。

A. 立柱　　　　B. 导轨　　　　C. 工作台

3. 下列选项中引起电动刀架不转的因素是（　　）。

A. 电动机相序不对　　　　B. 发讯盘位置不对

C. 霍尔元件开路

4. 下列选项中引起电动刀架的某刀位旋转不停的因素是（　　）。

A. 电动机相序不对　　　　B. 发讯盘位置不对

C. 霍尔元件短路

三、判断题（将判断结果填入括号中，正确的填"√"，错误的填"×"）

★1. 数控车床的回转电动刀架适用于轴类、盘类零件的加工。（　　）

★2. 刀库是自动换刀装置最主要的部件之一，圆盘式刀库因其结构简单，取刀方便而应用最为广泛。（　　）

3. 顺序选刀方式具有无须刀具识别装置、驱动控制简单的特点。（　　）

4. 转塔式的自动换刀装置是数控车床上使用最普遍、最简单的自动换刀装置。（　　）

5. 圆盘式刀库的结构简单，容量一般为 15～30 把刀，装配、调试方便。（　　）

6. 刀库容量大，一般为 30～120 把，多采用链式刀库。（　　）

★7. 刀具交换装置是用来实现刀库和机床主轴之间的传递与装卸刀具的装置。（　　）

四、简答题

★1. 自动换刀装置的形式有哪几种?

2．刀库的作用是什么？

3．数控机床润滑系统的电气控制要求有哪些？

五、操作题（完成下列工作任务）

工　作　页

【学步任务】分析回转四工位电动刀架的工作过程

____

____

____

____。

【进阶任务】识读与绘制电路图（参考教材图 7—2—1）

1．KM4 的作用是______________，其线圈工作电压是__________ V；

KM5 的作用是______________，其线圈工作电压是__________ V。

电动刀架发讯盘的电压是______________V。

2. 绘制四工位电动刀架电路原理图。

【成长任务】数控车床刀架不转的故障检修

参考教材图 7—2—1 所示原理图和图 7—2—4 所示诊断流程图进行检修。

1. 准备检修仪表、工具及资料。____。

2. 根据诊断流程图进行检修。检修方法________________________________。

3. 故障点记录与修复。____。

4. 维修总结。

____

____

____

____

____

____

____

____。

内容简介

本习题册为全国高级技工学校电气自动化设备安装与维修专业教材《数控机床电气线路维修》的配套用书。本习题册按照教材章节顺序编写，内容紧扣教学要求，知识点分布均衡，习题难易适中，有助于学生复习巩固所学知识。

本习题册由李长军主编，陈雅华、陈淑凤、肖云、张萌、郭庆玲参与编写。

策划编辑：游建颖
责任编辑：盛秀芳
责任校对：朱 岩
书籍设计：丁海涛

ISBN 978-7-5045-9645-1
9 787504 596451 >

定价：6.00元

国家级职业教育规划教材
人力资源和社会保障部职业能力建设司推荐

国际贸易实务

高职高专电子商务专业任务驱动型教材

人力资源和社会保障部教材办公室组织编写

中国劳动社会保障出版社